So geht es:

Male.

Kreise ein.

Kreuze an.

Verbinde.

Wie fit bist du?
Kreise ein.

Die Linien nachspuren

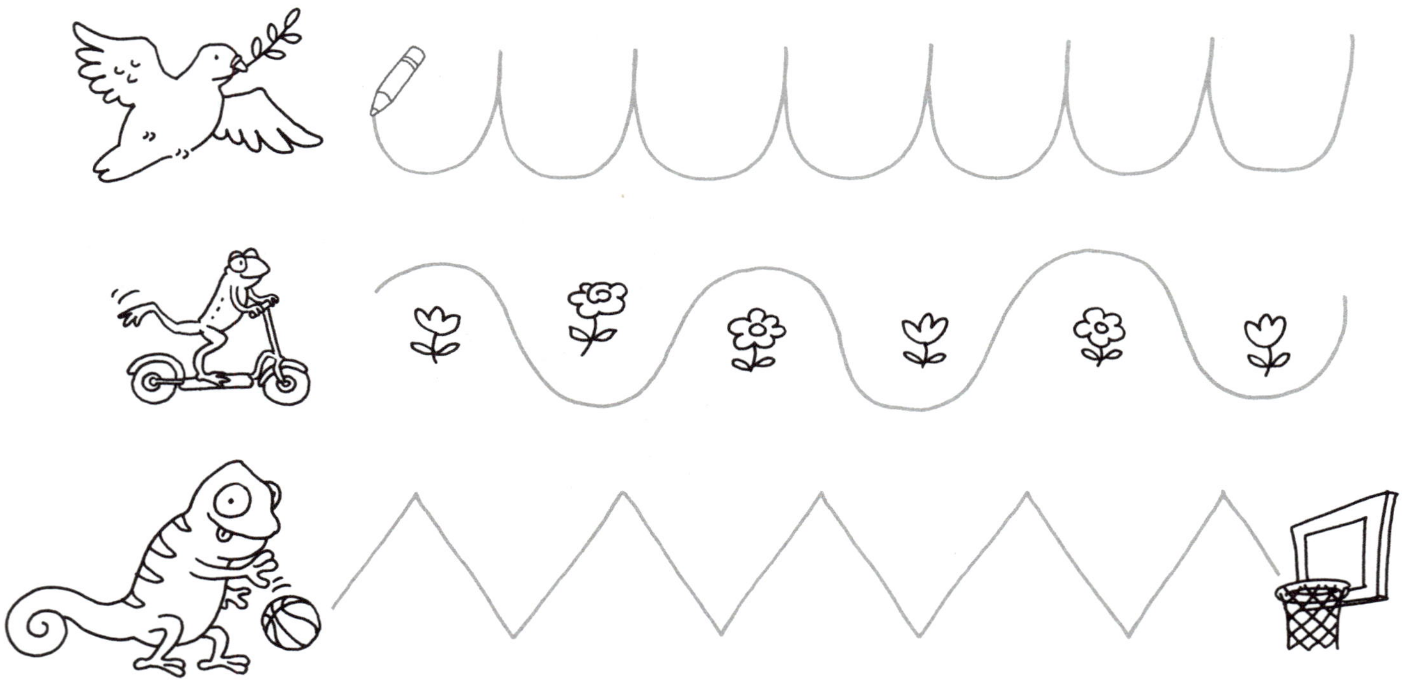

Die Linien nachspuren. Mit verschiedenen Farben wiederholen.

Das kann ich

Zwischen den Linien spuren

1

2

3

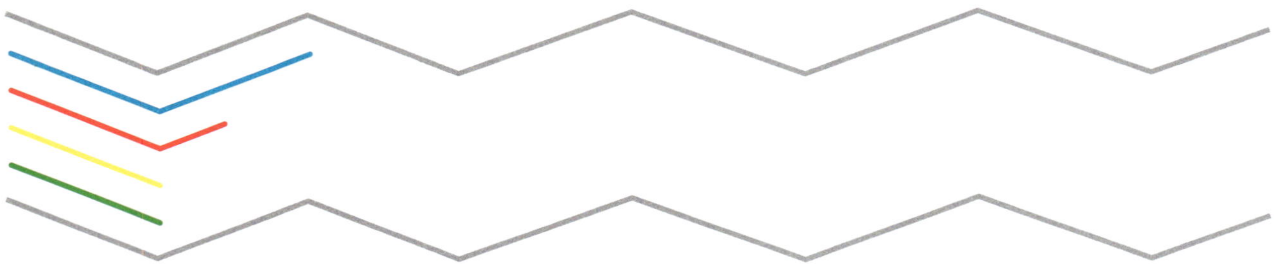

Mit vier Farben zwischen den Linien spuren.

4

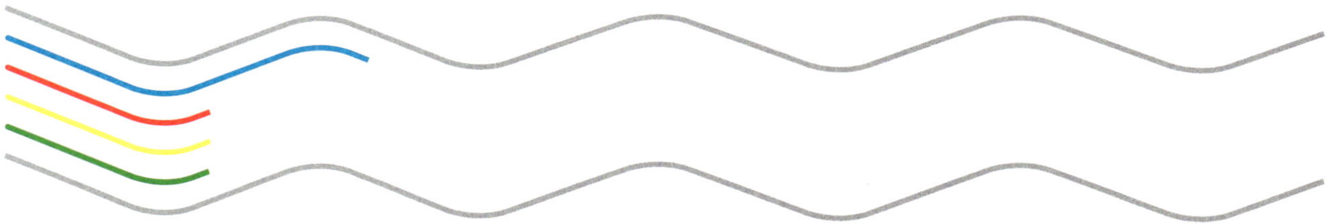

5

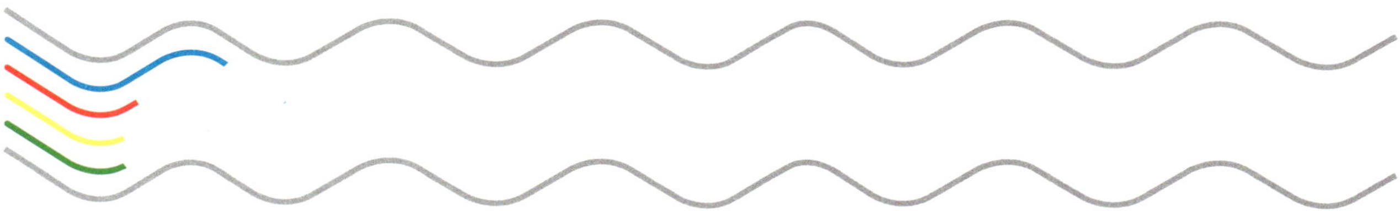

6

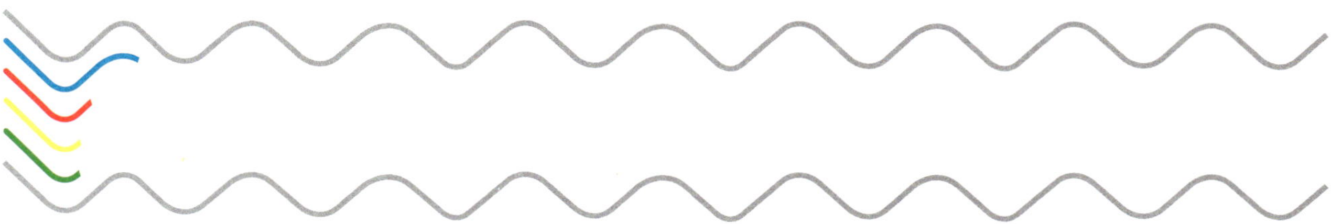

Das kann ich ☺ 😐 ☹

Die Linien nachspuren und ergänzen. Die Bilder ausmalen.

Die Punkte verbinden

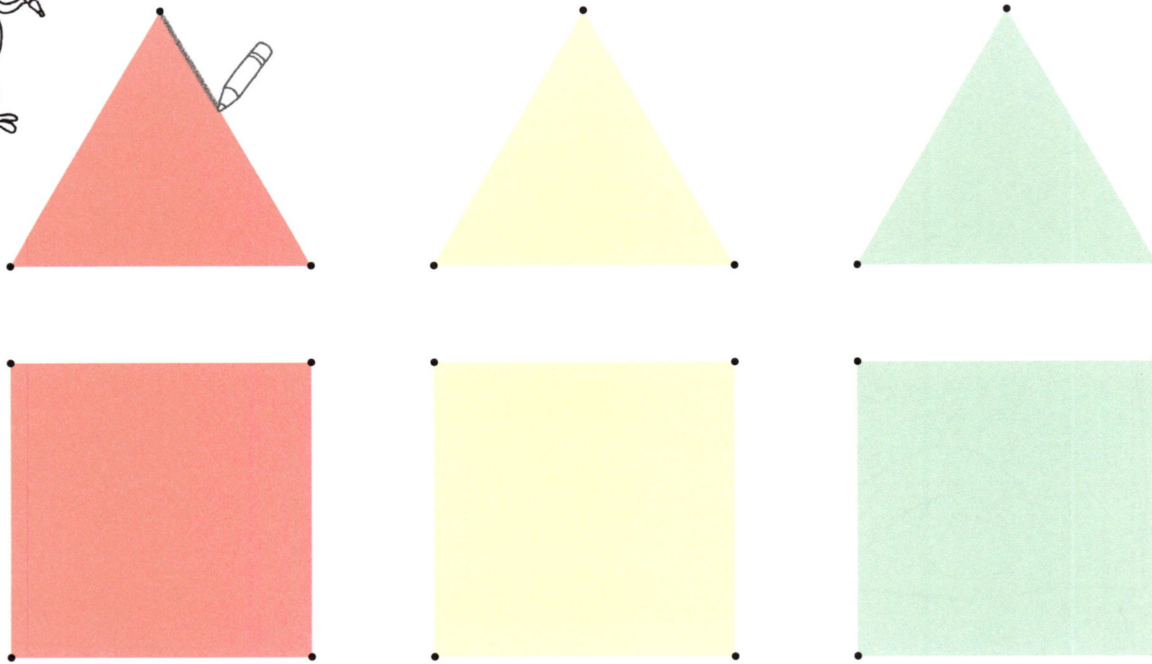

 Die Punkte verbinden. Über die Formen sprechen.

Das kann ich

Die Formen erkennen

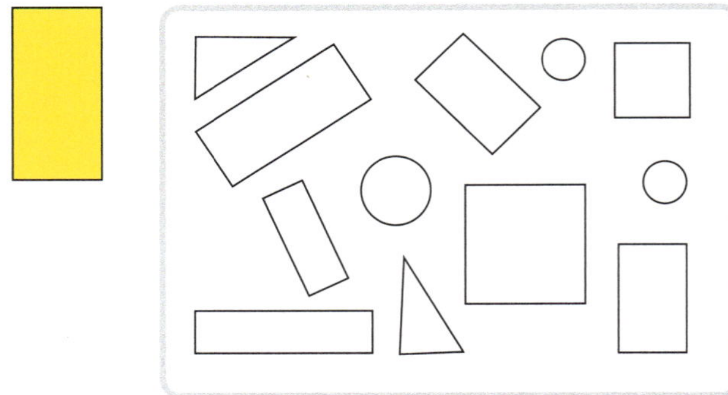

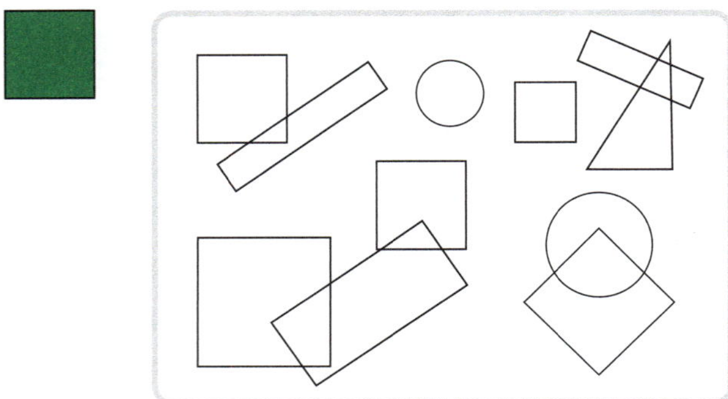

 Die gesuchten Formen erkennen und passend ausmalen. Hinweis: Es sind jeweils fünf der gesuchten Formen vorhanden.

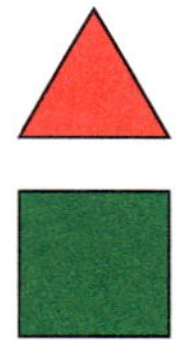

Tiere finden und ausmalen

 Die gesuchten Tiere finden und ausmalen.

Das kann ich ☺ 😐 ☹

Das gleiche Bild finden

Das eine genau gleiche Bild in der Reihe finden und einkreisen.

Den richtigen Schatten finden

 Das passende Schattenbild finden und einkreisen.

Das kann ich

Immer fünf Fehler finden

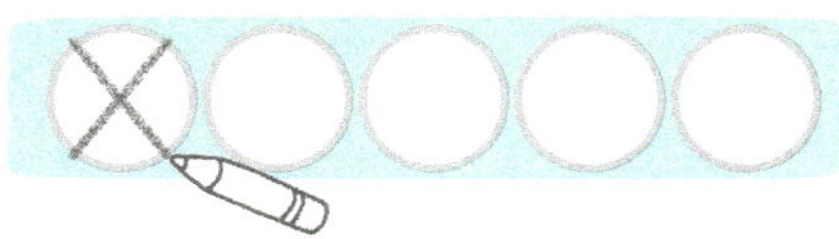

Die jeweils fünf Fehler finden und einkreisen. Die Anzahl unten markieren.

Das kann ich 

Das fehlende Teil finden

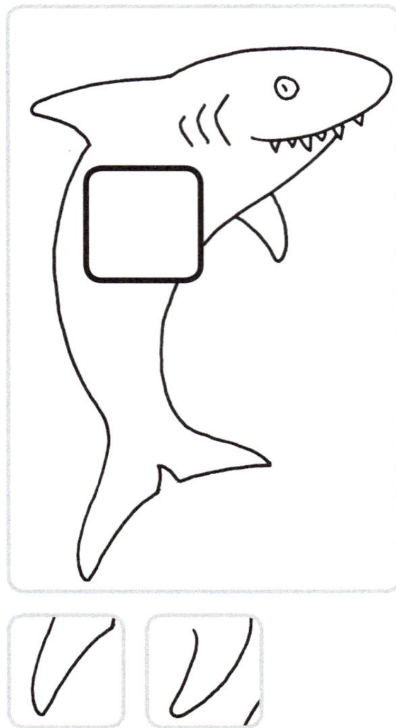

 Den fehlenden Bildausschnitt finden und einkreisen.

Das kann ich ☺ 😐 ☹

Die fehlenden Teile finden

Die fehlenden Bildausschnitte finden und einkreisen.

Das kann ich

Nach links

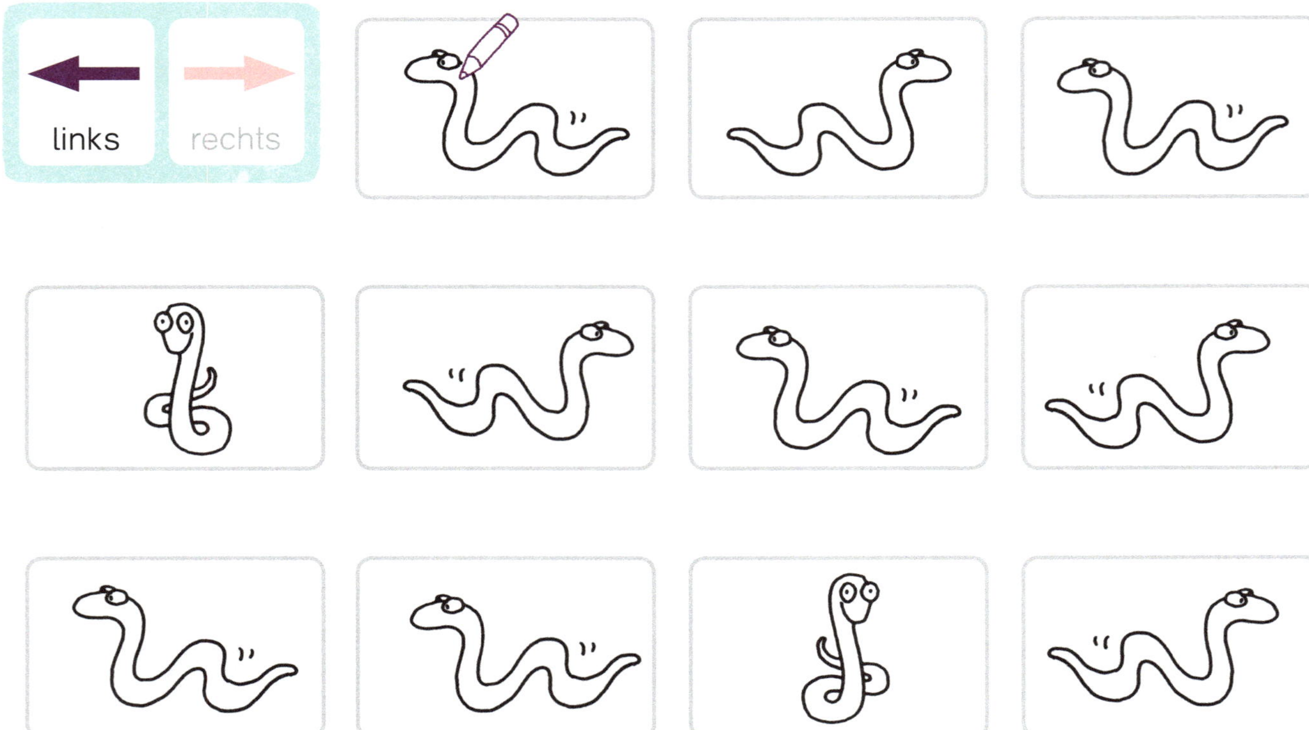

 Nur die Schlangen, die nach links kriechen, lila ausmalen.

Das kann ich

Nach rechts

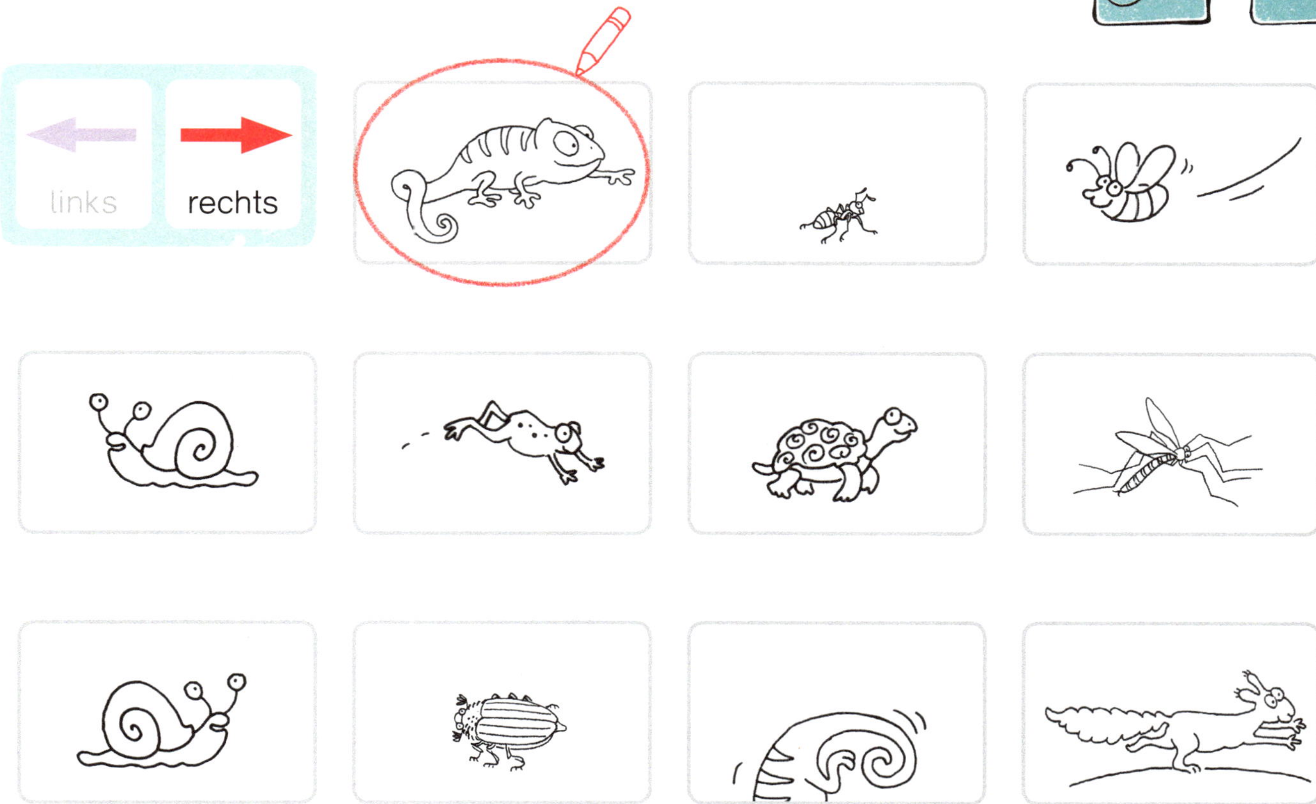

Nur die Tiere, die sich nach rechts bewegen, rot einkreisen.

Das kann ich

Die Figuren abzeichnen (1)

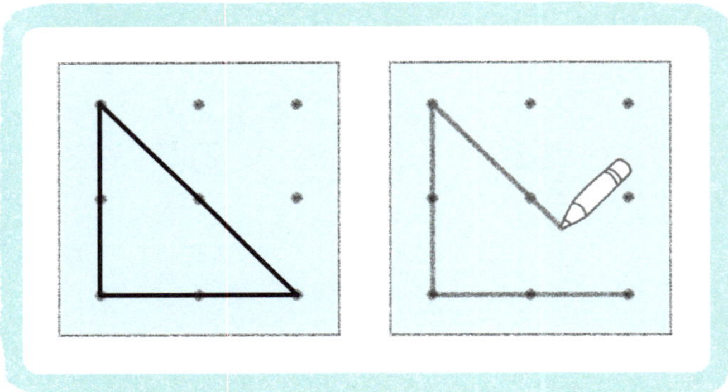

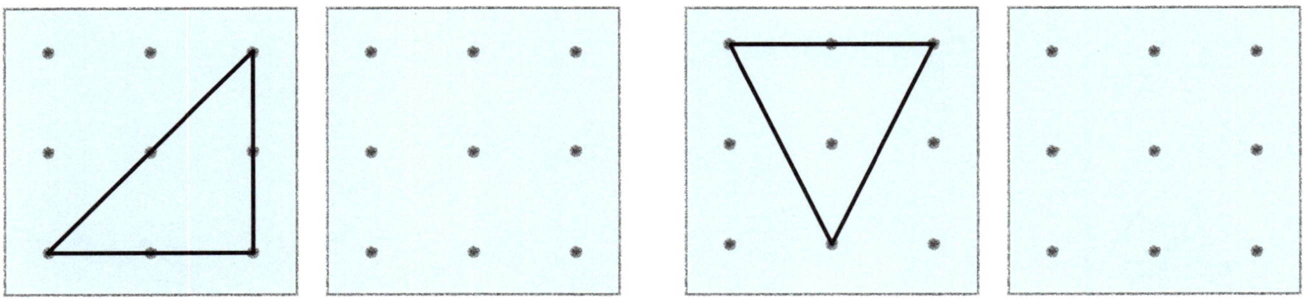

 Die Figuren auf dem linken Bild auf die gleiche Position im rechten Bild übertragen.

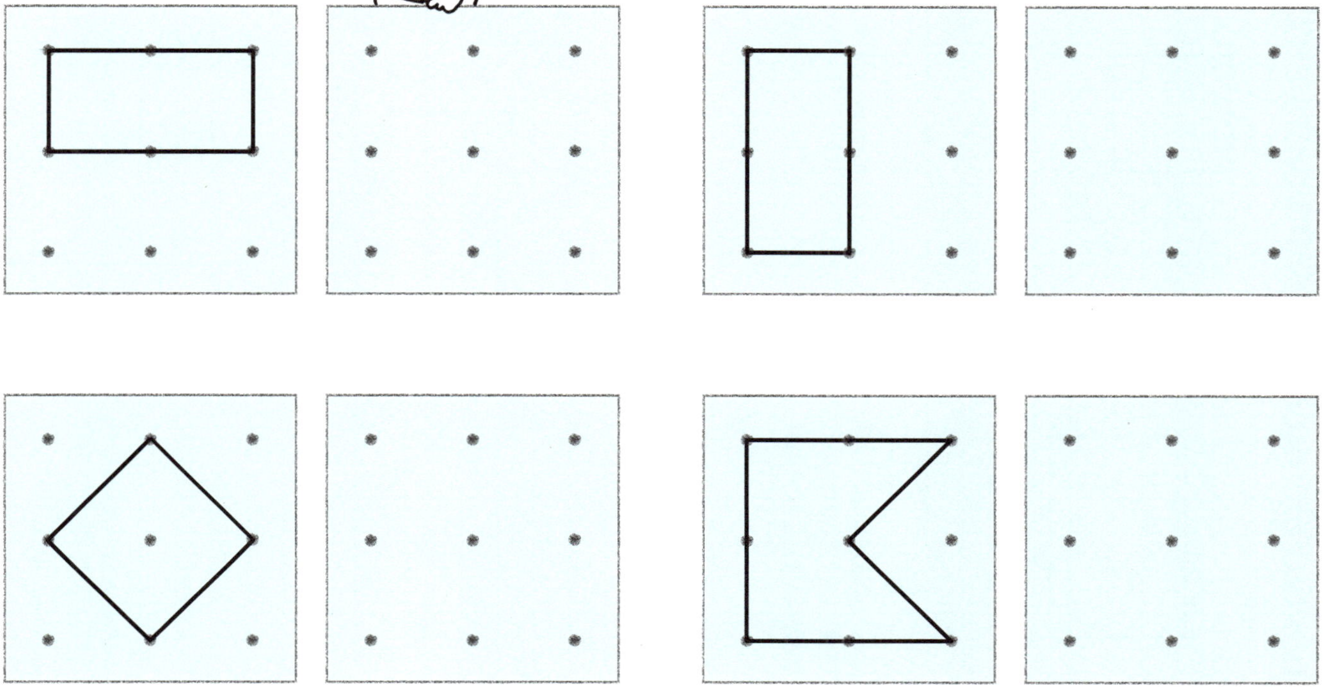

Das kann ich ☺ 😐 ☹

Die Figuren abzeichnen (2)

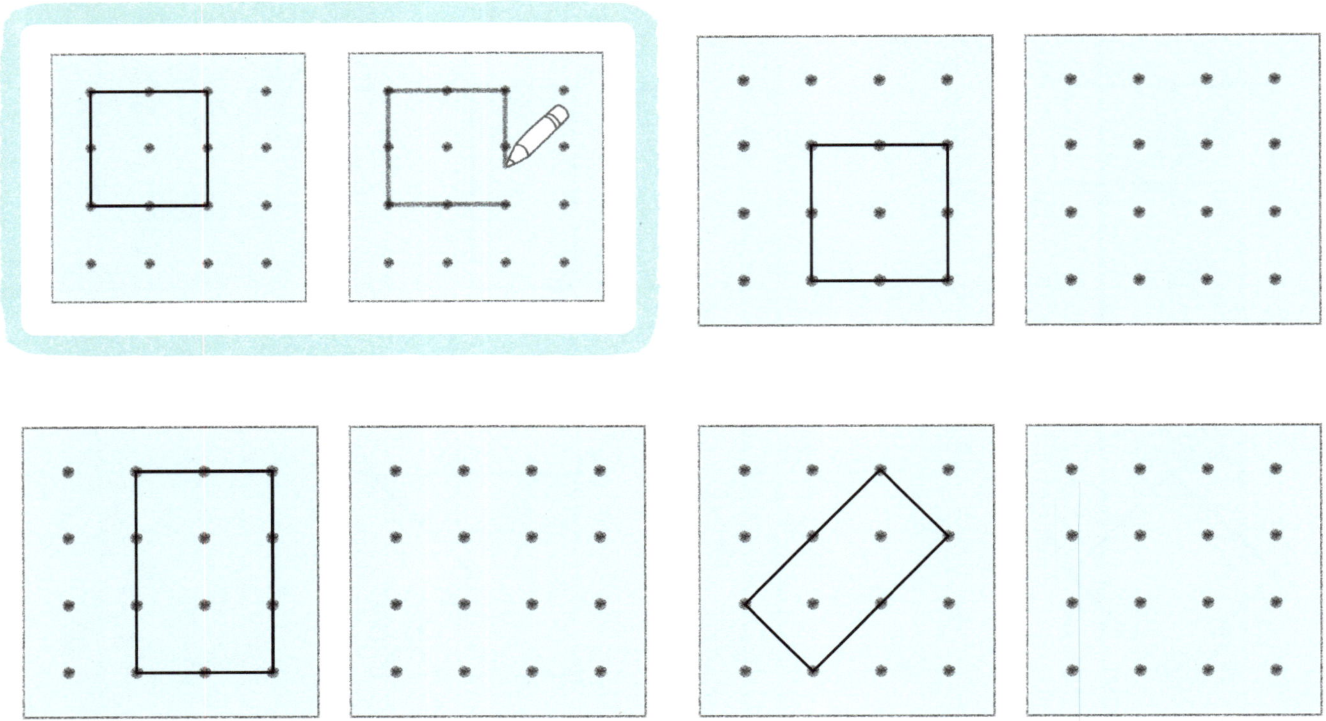

 Die Figuren auf dem linken Bild auf die gleiche Position im rechten Bild übertragen.

Das kann ich

Die Figuren nachzeichnen (1)

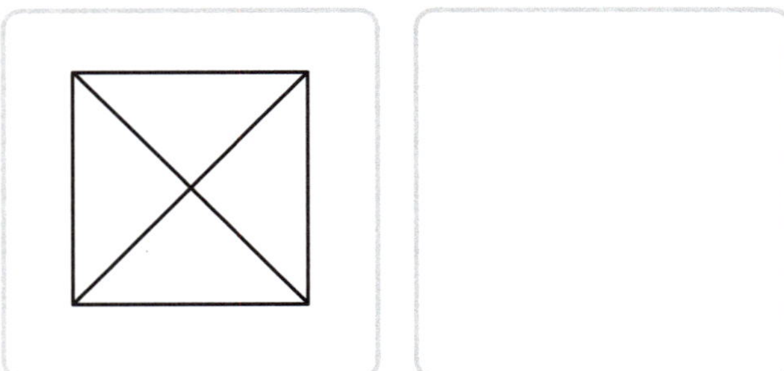

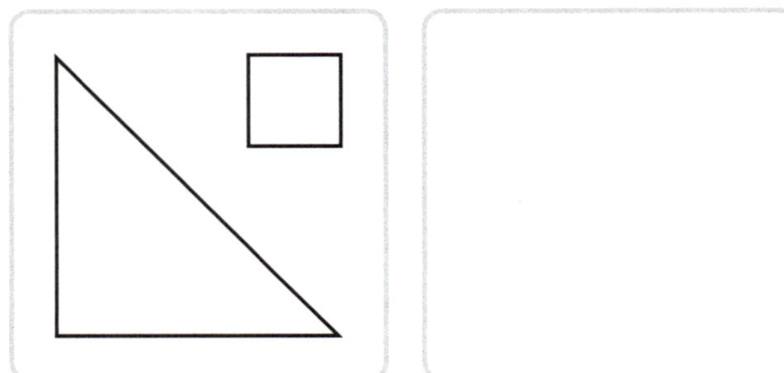

 Die Figuren auf dem linken Bild freihand in das rechte Bild übertragen.

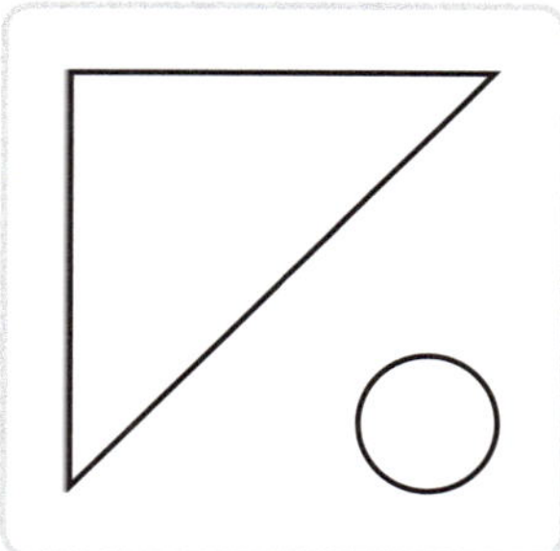

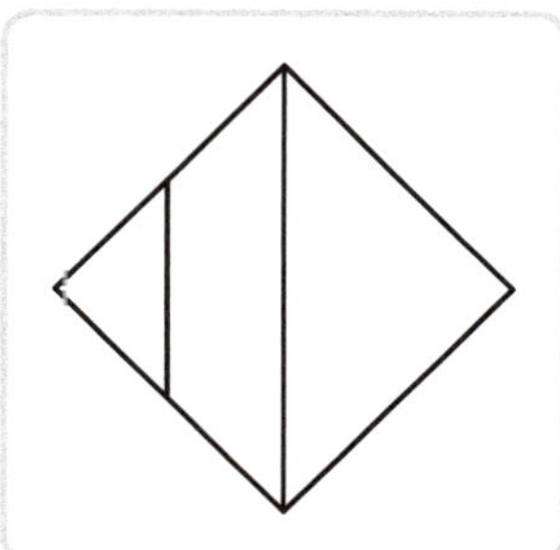

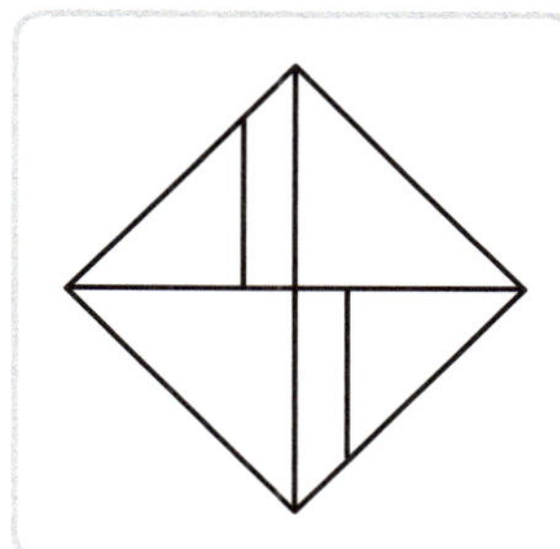

Die Figuren nachzeichnen (2)

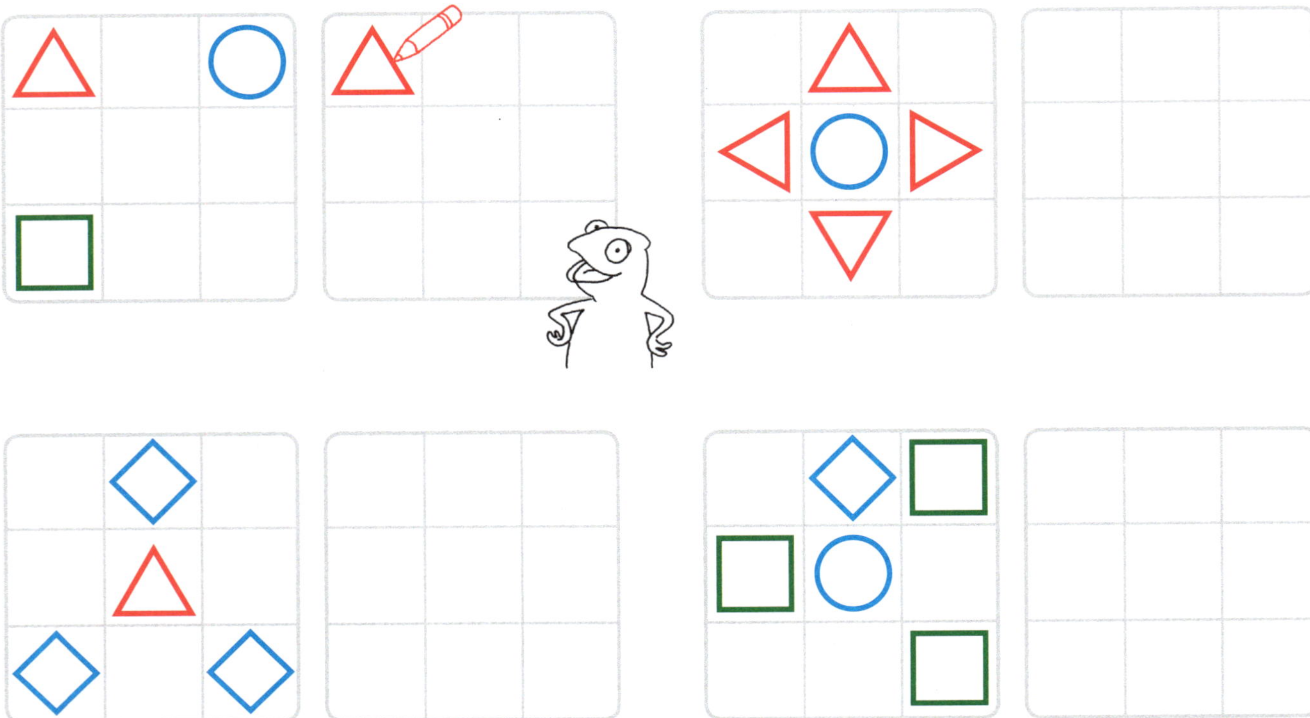

 Die Figuren auf dem linken Bild in das rechte Bild übertragen. Dabei Form, Farbe und Position beachten.

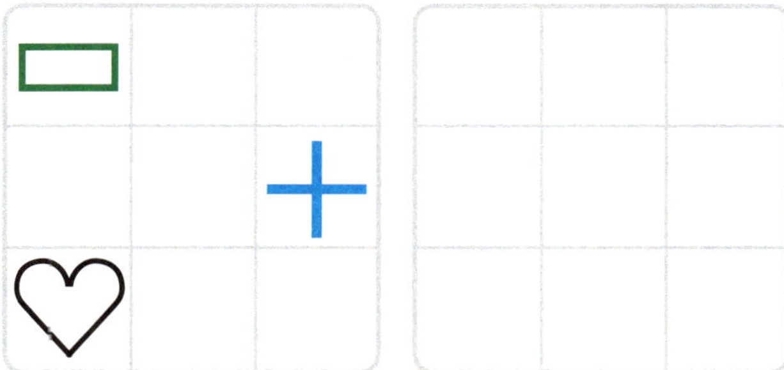

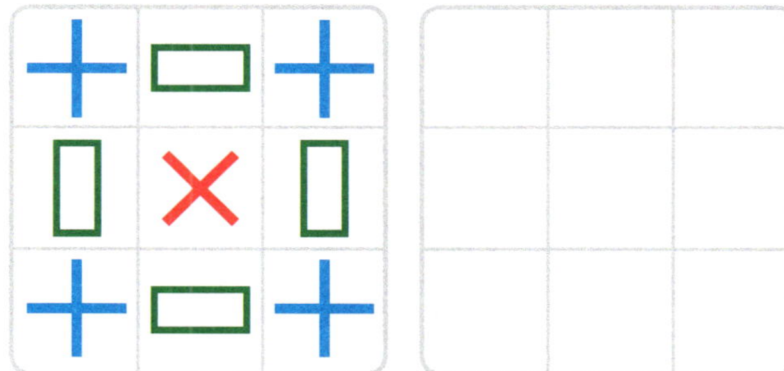

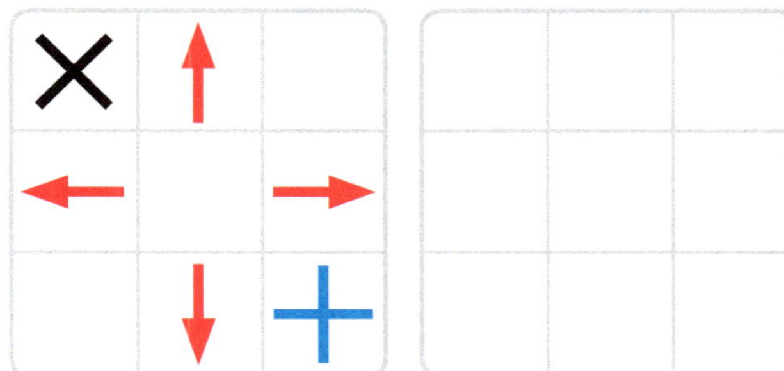

Das kann ich ☺ 😐 ☹

Die Position bestimmen

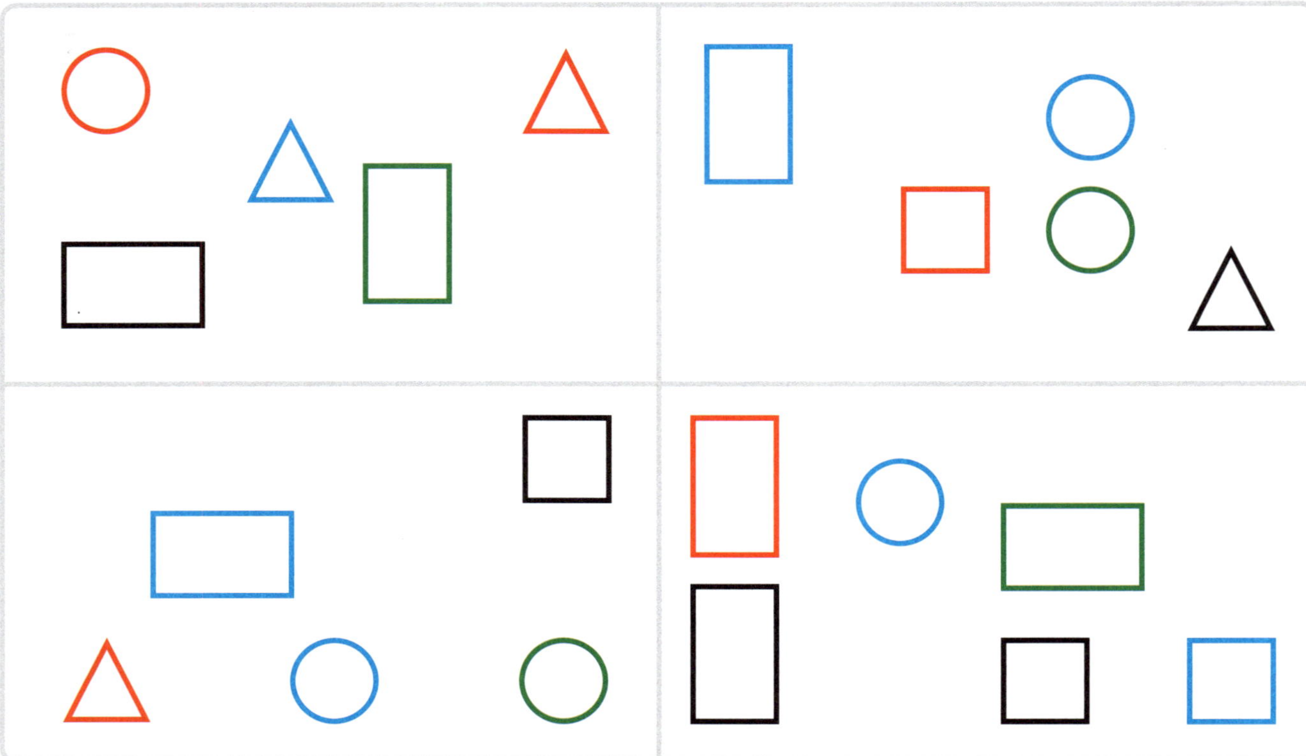

 Die Form in der großen Tabelle finden. Die richtige(n) Position(en) in der kleinen Tabelle markieren.

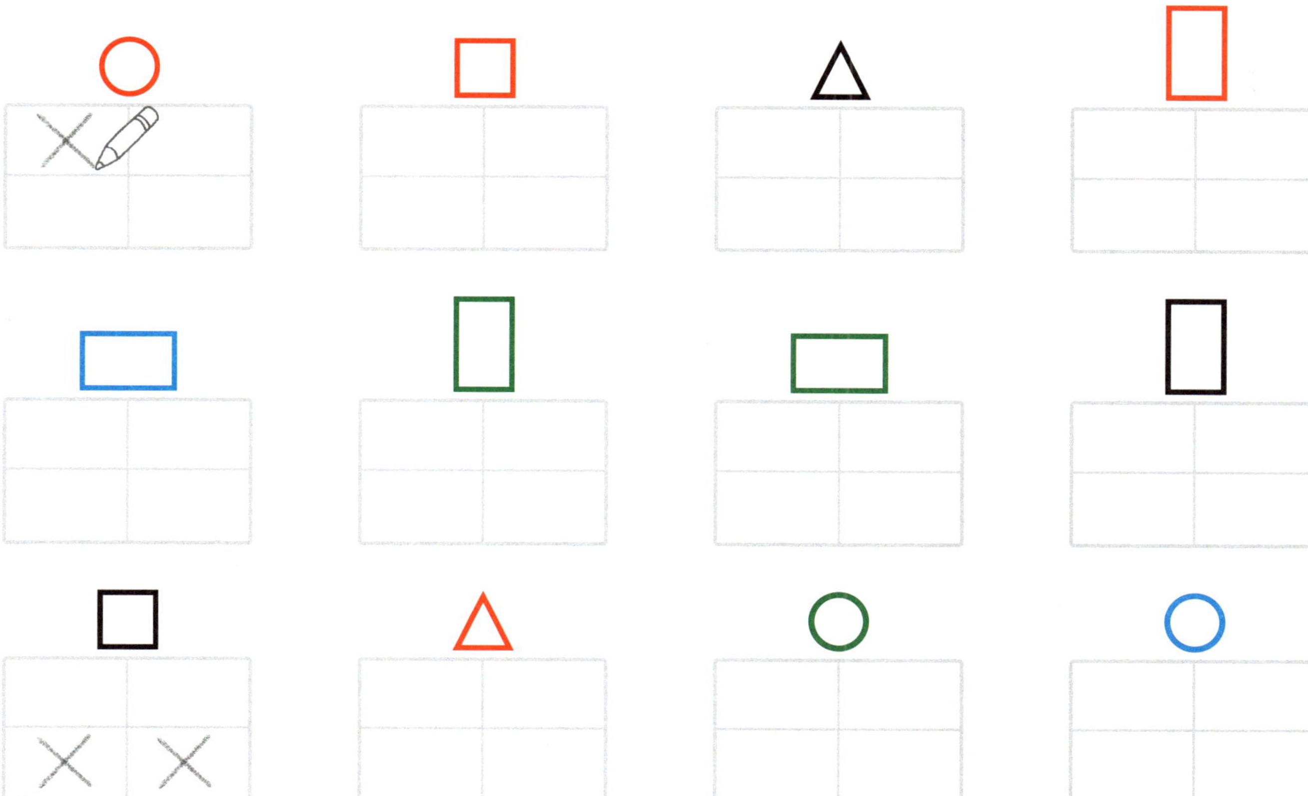

Das kann ich

Mengen vergleichen

 Ein Element von oben und mit einem von unten verbinden. Die Mengen vergleichen.

Das kann ich

Wo sind mehr?

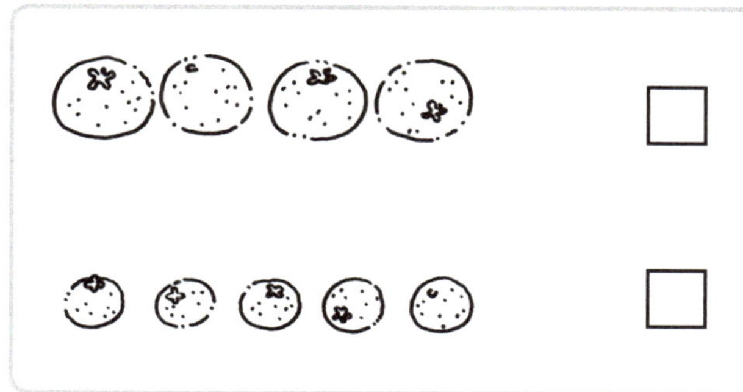

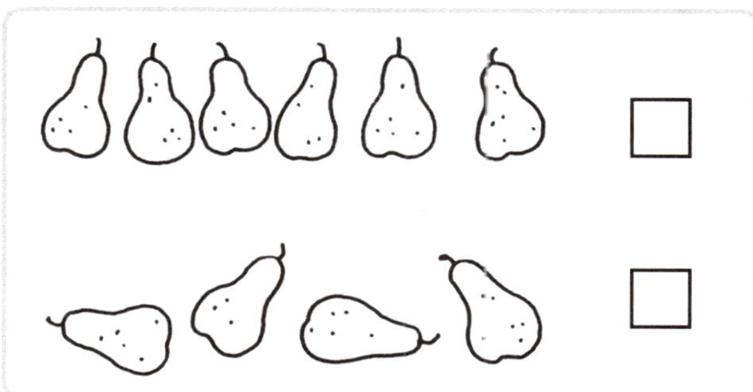

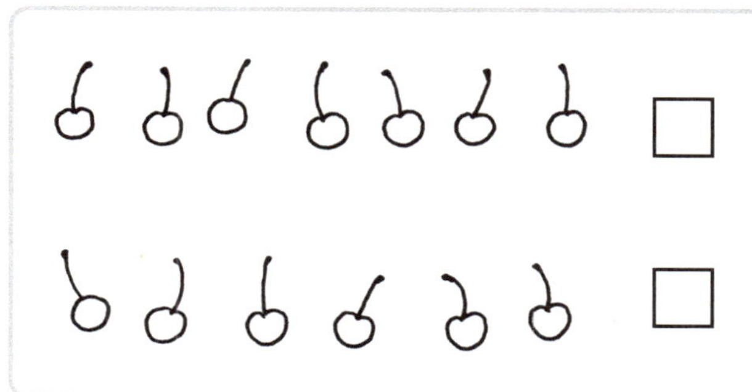

Die Mengen vergleichen. Die größeren Mengen ankreuzen.

Das kann ich

Welches Teil passt nicht dazu?

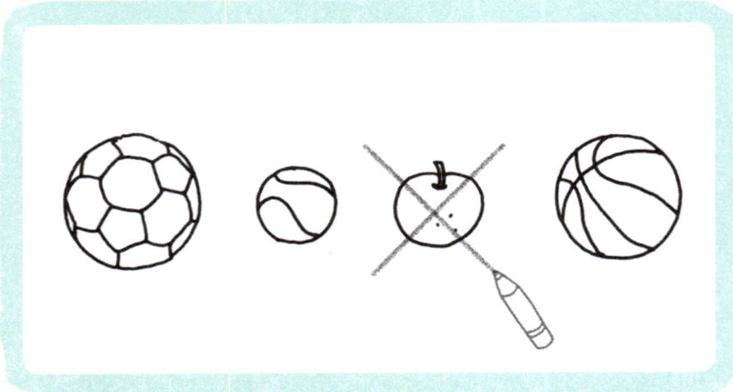

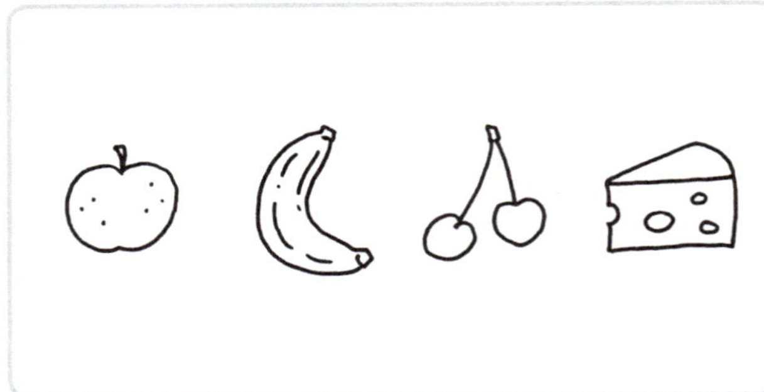

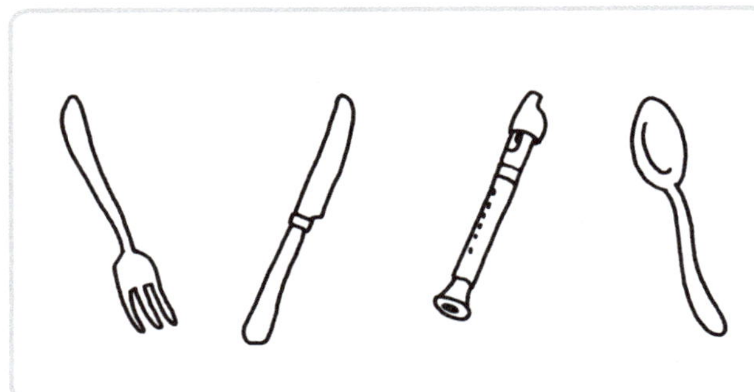

 Ein Teil passt nicht dazu. Dieses durchstreichen.

Das kann ich

Welche Teile passen nicht dazu?

Zwei Bilder passen nicht dazu. Diese durchstreichen.

Das kann ich

Die Muster fortsetzen

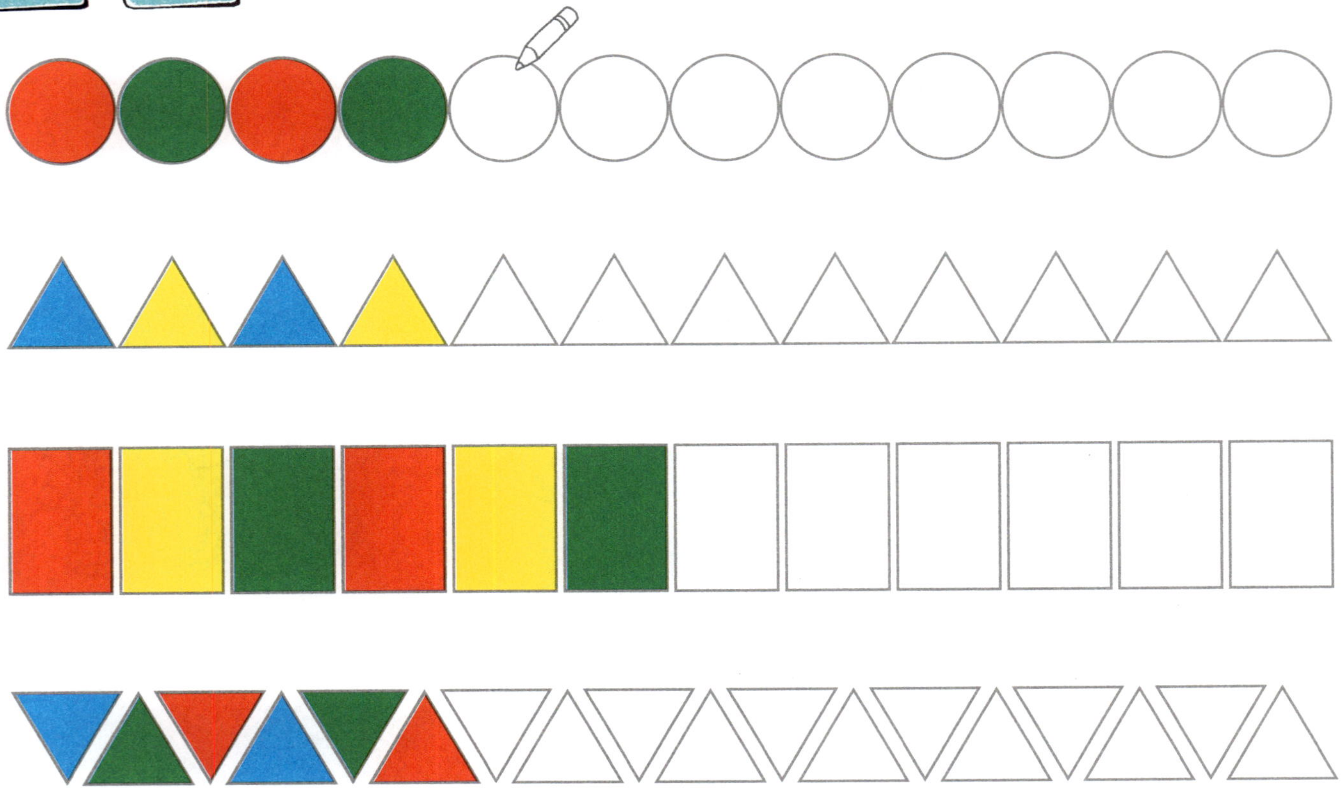

 Das Muster erkennen und fortsetzen.

Das kann ich

Mengen bilden

 1

 2

 3

 Jeweils die entsprechende Menge Elemente einkreisen.

4

5

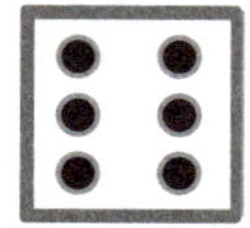

6

Menge und Zahl zuordnen

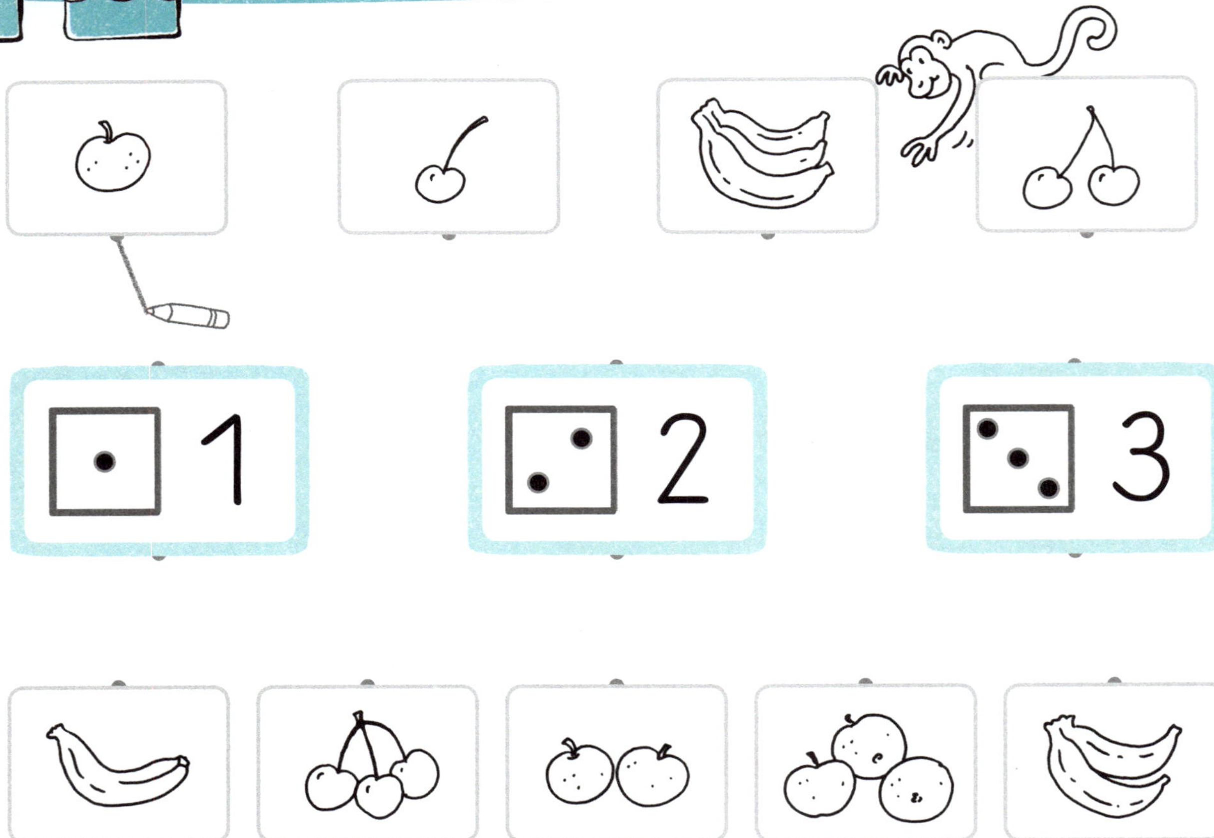

 Die Mengen den Zahlen zuordnen.

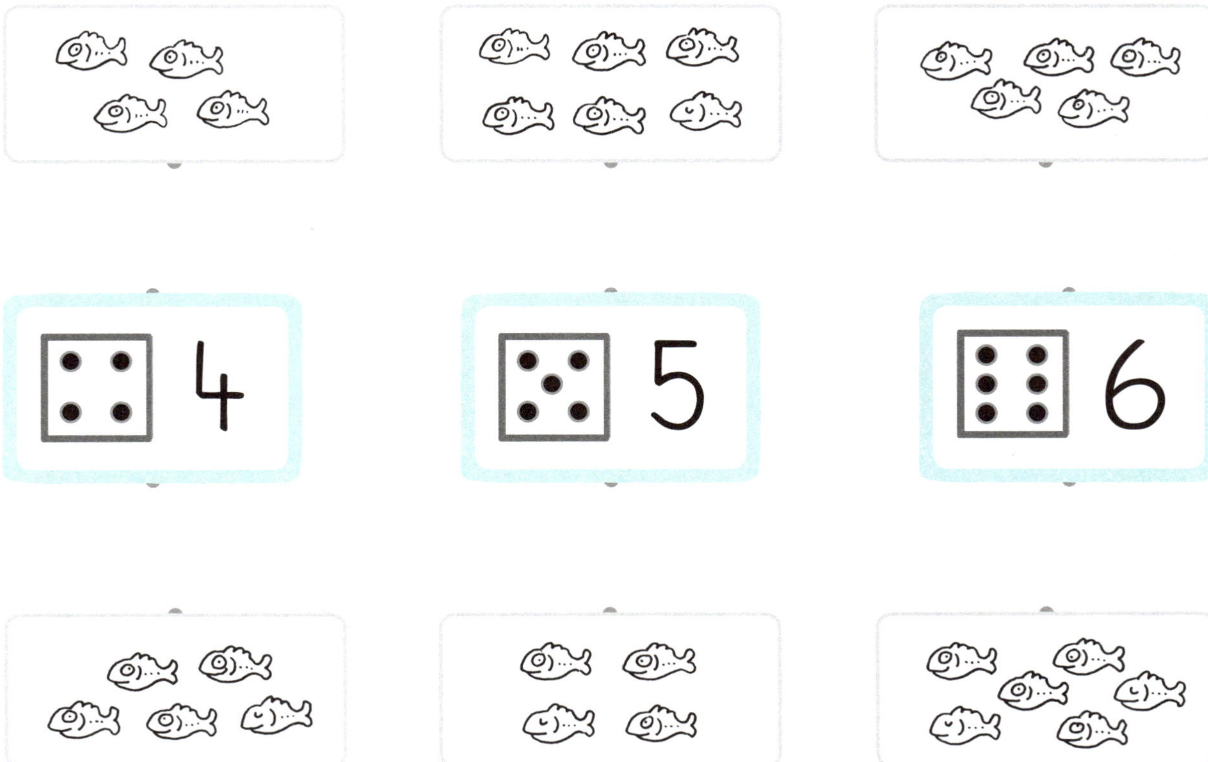
4
5
6

Mengen darstellen

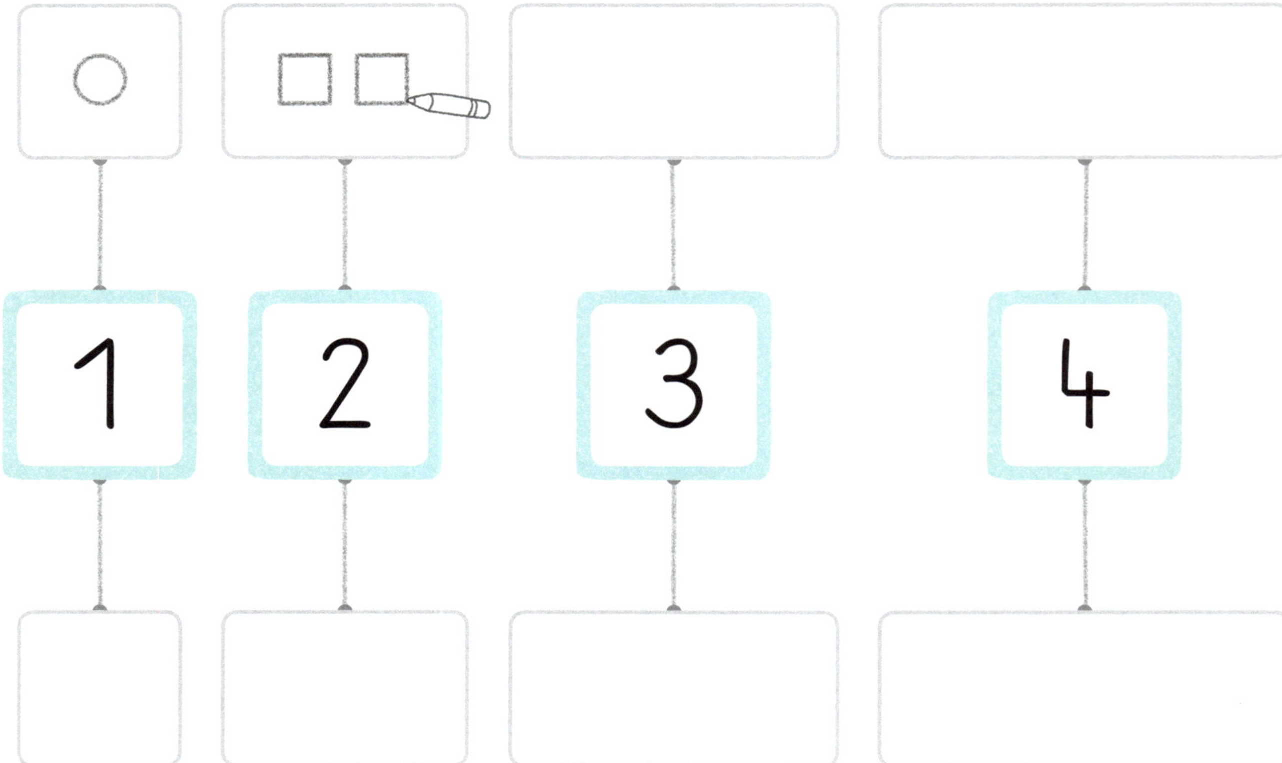

 Die jeweiligen Mengen mit einfachen Formen darstellen.

5

6

Das kann ich

Das kann ich schon! (1)

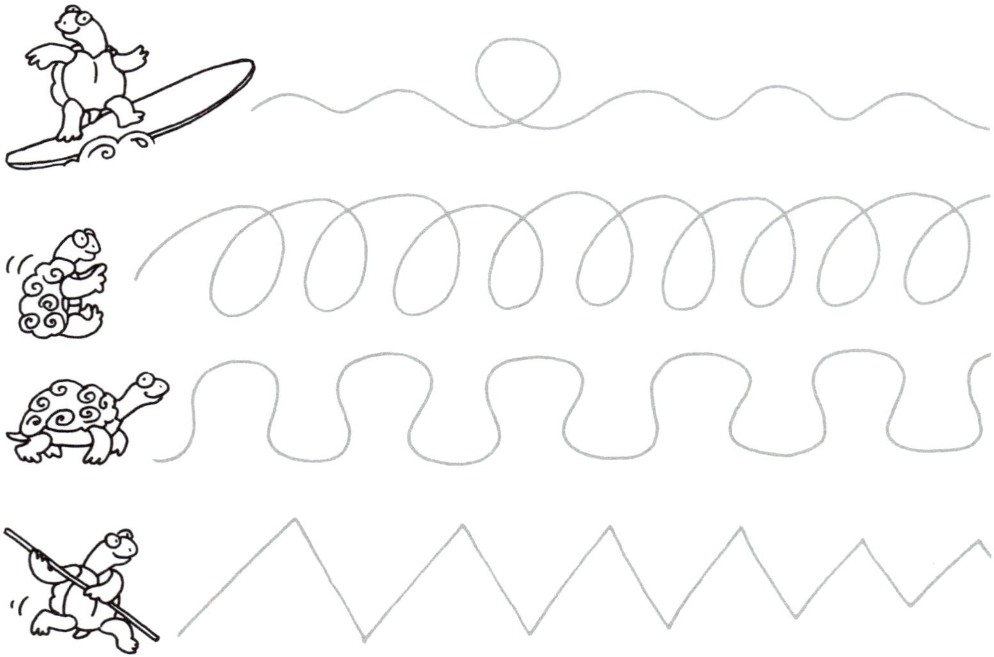

ISBN 978-3-14-117256-0

 Nachspuren, ergänzen, anmalen.

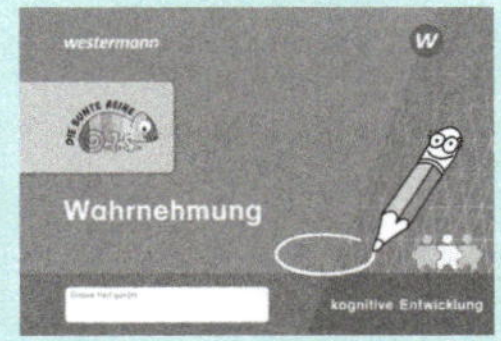

ISBN 978-3-14-117258-4

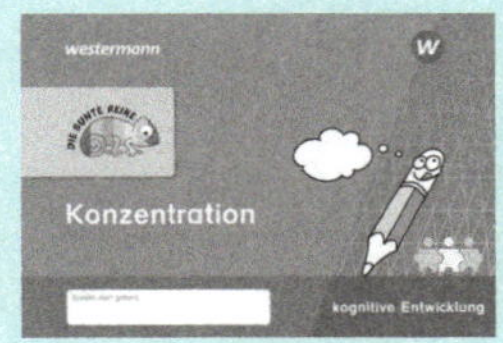

ISBN 978-3-14-117260-7

Bild und Schattenbild verbinden. Grundmuster erkennen und fortsetzen.

Das kann ich schon! (2)

1 2 3 4 5 6

ISBN 978-3-14-117310-9

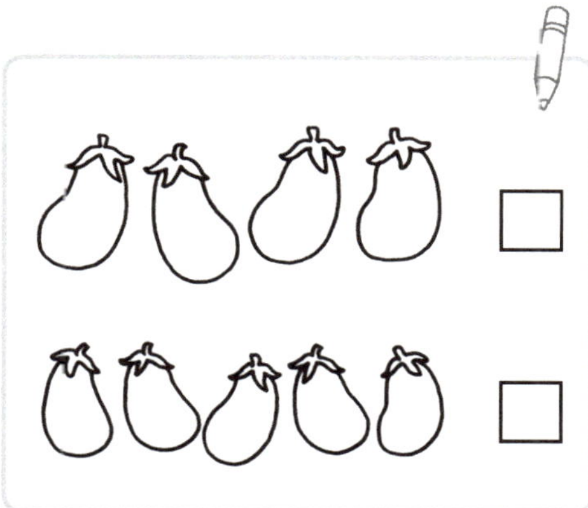

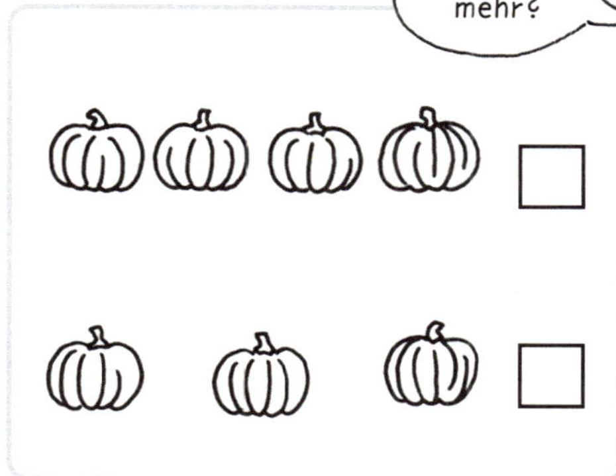

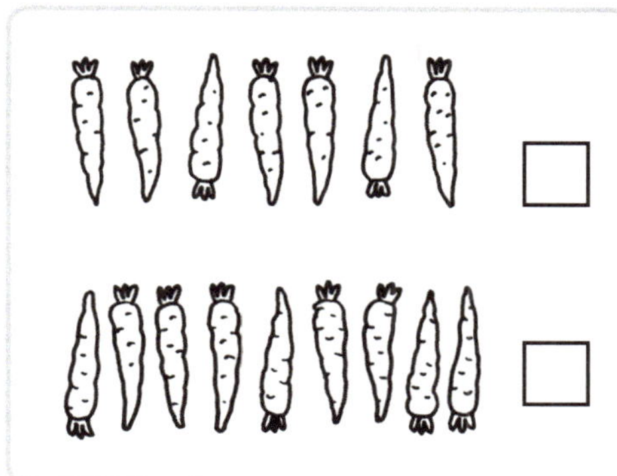

ISBN 978-3-14-117311-6

Immer die größere Menge ankreuzen.

Mein Ausmalbild

1

2

3

4

5

6

Das kann ich